기후에 관한 새로운 시선

엠마 지음 | 강미란 옮김

우리나비

기후에 관한 새로운 시선

1판 1쇄 발행 | 2020년 6월 26일
1판 3쇄 발행 | 2023년 9월 21일

지은이 | 엠마
옮긴이 | 강미란
펴낸이 | 한소원
펴낸곳 | 우리나비

등 록 | 2013년 10월 25일(제387-2013-000056호)
주 소 | 경기도 부천시 작동로 3번길 17
전 화 | 070-8879-7093
팩 스 | 02-6455-0384
이메일 | michel61@naver.com

ISBN 979-11-86843-54-3 07330
★ 책값은 뒤표지에 있습니다.

이 도서의 국립중앙도서관 출판예정도서목록(CIP)은 서지정보유통지원시스템
홈페이지(http://seoji.nl.go.kr)와 국가자료종합목록 구축시스템(http://kolis-net.nl.go.kr)에서
이용하실 수 있습니다. (CIP제어번호: CIP2020023506)

UN AUTRE REGARD sur le Climat text & illustration by EMMA
Copyright © Massot Editions, 2019
　　　　　 © Emma, 2019
All rights reserved.

Korean translation copyright © Woorinabi Publishing Co., 2020
This edition was published by arrangement with Massot Editions, Paris, France.

Cet ouvrage, publié dans le cadre du Programme d'aide à la Publication Sejong,
a bénéficié du soutien de l'Institut français de Corée du Sud.
이 책은 주한 프랑스 문화원 세종 출판 번역 지원 프로그램의 도움으로 출간되었습니다.

이 책의 한국어판 저작권은 저작권자와의 독점계약으로 우리나비에 있습니다.
저작권법에 의해 한국 내에서 보호를 받는 저작물이므로 무단 전재와 무단 복제를 금합니다.

서문

1	작은 기계 하나!  ······ 006
2	좀 더 시니컬하게?  ······ 026
3	할 일이 많아요, 많아!  ······ 066

서문

세계 이곳저곳에서 기후 변화와 관련된 대규모 시위가 벌어졌고, 많은 젊은이들은 그레타 툰베리의 요청에 부응하며 파업을 반복했다. 이렇게 희망의 움직임이 일어났고 조금씩 자리를 잡고 있는 상황이다. 아직은 미약하고, 힘이 없고, 주저할 때도 많다. 하지만 이 희망의 움직임은 마치 자기 자신이 뿜어내는 빛에 눈이 부신 듯 조심스럽게 천천히 앞으로 나아가고 있다. 그렇게 한 발짝씩 발을 뗄 때마다 더 자각하고, 더 자신감을 얻고, 더 단호해진다.

비아 마페시나의 투쟁, 원주민들의 저항, 페미니스트들이 도출해 낸 자연 지배와 성 지배 사이의 유사점, 그리고 나오미 클라인이 '블로카디아'[2]라 불렀던 시민들의 저항 등을 통해 전환점을 맞았다고 할 수 있겠다. 인간의 삶과 인간이 의존할 수밖에 없는 자연의 파괴는 자본주의라는 동전의 양면임을 이제 우리는 깨달았다. 노트르담데랑드[3], 스탠딩록[4], 카하마르카[5], 엔드글랜드[6] 등에서 있었던 일이 이를 증명하고 있지 않은가.

자본주의 폐지가 모든 걸 다 해결해 주지는 않을 것이다. 그러나 꼭 필요한 것임은 분명하다. 이제 우리는 불안과 경악의 반복으로부터 벗어날 때다. 날로 커져만 가는 위협에 맞서 진심과 정성과 존경을 다해 인간과 인간이 아닌 모든 것을 돌볼 수 있는 대안을 찾아내야 할 바로 그때다. 길고 어려운 투쟁이 될 것이다. 트럼프식 기후 변화 부인 세력뿐만 아니라 녹색 자본주의의 잘못된 생산적 해결책에도 맞서 싸워야 할 것이다. 심각한 상황에 대한 자각과 대재앙 사이의 속도전이 시작되었다. 여기에는 집단 지식에 대한 믿음도 한몫한다. 정확하고 엄정한 자료 조사의 산물인 동시에 아주 재미있고 맹랑하기까지 한 엠마의 본 작품은 이 속도전에서 우리가 승리하는 데 있어 무엇보다 크게 기여할 것으로 보인다.

다니엘 타뉘로
농학자이자 환경 운동가

---

1 전 세계 소농으로 구성된 농민 단체
2 노천 채광이나 가스 채취, 송유관 공사 등으로 삶의 터전을 빼앗으려는 거대 기업에 맞선 지역 주민들의 움직임
3 정부의 공항 신설에 반대하여 시민운동을 벌였던 프랑스 서부의 도시
4 미국 다코타 송유관 사업에 대해 반대 운동을 벌인 원주민(스탠딩록 수(Sioux)족)들이 사는 보호 구역
5 광산 개발 반대 시위가 열린 페루의 한 지역
6 환경 운동가들의 탄광 산업 반대 운동

작가의 말

기후에 관한 그래픽 노블을 만들기로 결심했을 때, 내가 알아야 할 것들이 이렇게 산더미처럼 많이 쌓여 있을 줄 정말 몰랐다. 난 그저 뭔가 잘못 돌아가고 있음을 느꼈을 뿐이다. 이 사회를 지배하고 여기에 깔려 있는 수많은 담화 속에 뭔가 빈 구멍이 있음을, 더 파고 들어가야 할 필요가 있음을 직관적으로 느꼈을 뿐.

이 문제에 대해 자세히 알아보고자 주위에 있는 전문가를 찾았고, 그들은 역시 나를 실망시키지 않았다. 열 권이 넘는 두꺼운 책은 물론이요, 인터넷상에서 읽을 수 있는 200여 종의 각종 연구, 보고서 및 기사를 받아 볼 수 있었다. 5개월! 공부하고 소화하고 받아들이는 데 5개월이 걸렸다. 우리가 처한 상황을 이해하는 데에, 특히 어쩌다 이런 지경이 됐는지 이해하는 데에 걸린 시간 5개월.

그동안 내가 배운 모든 지식과 정보는 올바른 방향으로 나아가기 위해서, 누가 됐든 진정으로 모든 사람을 소중히 여기는 새로운 사회로 나아가기 위해서 우리 모두가 알아야 할 것들이다. 그래서 나는 내가 할 수 있는 일을 했다. 새로 알게 된 정보와 연구 결과, 이 책이 있기 전에 있었던 수많은 활동가들의 업적에 대해 그림을 그리고 글을 썼다. 나는 이 책을 통해 그림을 그리고 글로 쓰며 내가 느꼈던 모든 것을 독자들과 함께 나누고 싶다. 때로는 이해하고 때로는 분노했던 순간들, 행동으로 옮기려는 마음, 새로운 세상을 만들고 싶은 욕구, 이 모든 것이 고스란히 전해졌으면 한다. 나는 이 길을 만들어 가는 한 단계일 뿐이다. 이제 여러분이 나서 이 길을 더 닦아 가길 바란다.

엠마

1

작은
기계 하나

18세기 스코틀랜드의 기술자 제임스 와트의 이야기.

제임스 와트는 1784년 면직물 제조 공장에
매우 유용하게 쓰일 만한 증기 기관을 개발해 특허를 받게 된다.

제임스는 영국 제조업자들에게 자신의 발명품을 홍보했다.
그러나 **석탄**을 써야 돌아가는 이 기계를 사려는 사람은 없었다.

당시 대부분의 공장에서는 **수력 발전**을 쓰고 있었다.

한도 끝도 없이 쓸 수 있는 데다가 특히 **공짜**인 에너지!

그리하여 제임스와 그의 발명품은 40년 동안이나 찬밥 신세였다는 사실.

1791년 수력 발전기를 쓰겠다는 한 제조업자의 변.

이렇게 면직물 공업은 석탄 없이 발전하게 된다.

하지만 수력을 쓸 수 있는 물이 흐르는 곳, 즉 시골에 사는 사람들은
제조업자들을 위해 일을 하려 들지 않았으니…

제조업자들은 도시의 노동력을 끌어들이는 수밖에 없었다.

그렇게 공장 노동자들이
살 집을 건설하게 되고…

교회며 가게, 학교까지
들어서게 되다.

공장장을 위한
으리으리한 집도 짓고…

신문에는 광고까지
내게 되는데.

1825년, 대중들의 노력으로 노동자연합을 금지하는 법(Combination Act)이 폐지된다.
그 후, 더 나은 노동 조건을 요구하며 여러 형태의 조합 형성 및 노동 파업이 일어나게 된다.

사람들은 노동자의 요구를 받아들이지 않는 공장에서 더 이상 일을 하려 들지 않았다.
따라서 공장 측에서는 다시 사람을 찾을 수밖에 없었고, 이는 돈이며 시간이 많이 드는 일이었다.
이에 제조업자들은 말 잘 듣는 노동자를 원하게 된다.

당시 자본가들에게 컨설팅을 해 주던
회사 사장인 존 파레이는 1827년
《증기 기관 연구》를 통해 이렇게 주장했다.

그리하여 1830년부터는 석탄 연료로 작동하는 증기 기관에 사람들의 관심이 쏠리게 된다.

증기 기관이 더 효과적이라서가 아니라 어디에나 설치가 가능하기 때문이었다.
실업으로 위협받는 노동력이 넘쳐나는 도시,
그래서 고용주의 조건을 순순히 맞춰 줄 수 있는
유순한 노동력이 많은 도시에 설치가 가능했던 것이다.

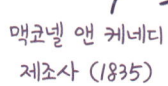

맥코넬 앤 케네디 제조사 (1835)

맨체스터에는 방적공들이 넘쳐나요. 아침 8시나 9시에 출근을 안 하잖아요? 그럼 바로 자르고 다른 방적공을 찾으면 되는 거예요!

증기 기관이야말로 세상에서 가장 온순하고 부지런한 노동력이지요!

존 파레이 (1827)

이 이야기는 안드레아스 말름이 쓴
《역사에 반하는 인류세》에서 말하는 바이기도 하다.
여기서 잠깐 말름의 이야기를 들어 보자면…

제임스 와트의 **증기 기관**은 **인류가 온난화를 겪게 되는** 아주 치명적인 기술 발전이라고 볼 수 있습니다.

당시의 산업 성장 및 세계화의 맥락에서
제조업자들이 증기 기관을 선택했다는 사실은
기후 온난화의 시작을 알린 셈이라고 볼 수 있겠다.

1850년 이래 지구 표면의 평균 기온이 1.1°C씩 증가하고 있다.
별것 아닌 것 같지만, 사실 그렇지가 않다.

생존 조건에 더 맞는 서식지를 찾아
동식물의 이동이 생겨났으며…

빙하가 녹아내리고 있는가 하면…

해수면의 높이가 계속해서 상승하고 있다
(20세기에 17cm 상승).

매년 몬순 기후의 영향으로 방글라데시의 해수면 상승이 심각하다.
게다가 산림 황폐화 때문에 히말라야 정상이 녹아내려 더 문제다.
정상에서 흘러내리는 물을 막아 줄 나무가 부족하기 때문이다.

유엔 보고에 따르면 21세기 말에는
2천만이 넘는 방글라데시 국민들이 기후 난민이 될 것이라 한다.

점점 더 증가하고 있는 기후 문제는 스스로를 보호할 힘이 없고
새로운 곳으로 이주할 경제적 능력이 없는 빈곤층에
더 영향을 미치고 있는 실정이다.

2005년, 강력한 허리케인 카타리나가
뉴올리언스의 빈곤층을 덮친 적이 있다.
78만여 주민들이 거주지를 옮겨야 했고,
이 중 15만여 명의 피해자는
의료 보험이 없었다.
수많은 사람들이 고향을 떠나야 했고,
치료를 받을 수 없었으며,
피해 보상금의 혜택 또한 누릴 수 없었다.

IPCC*는 7년에 한 번씩 전 세계 기후학자들의 연구를 바탕으로
지구 온난화 현상과 그 영향에 대한 보고서를 낸다.

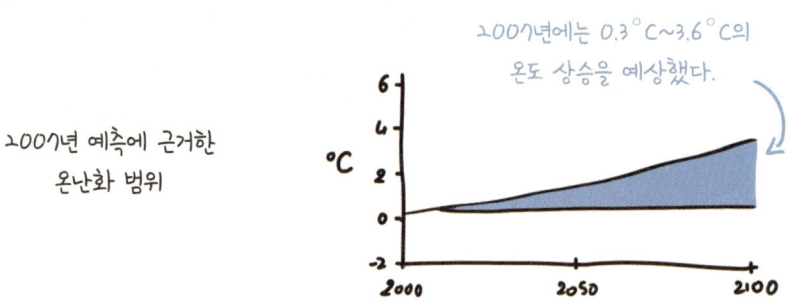

2007년 예측에 근거한 온난화 범위

2007년에는 0.3°C~3.6°C의 온도 상승을 예상했다.

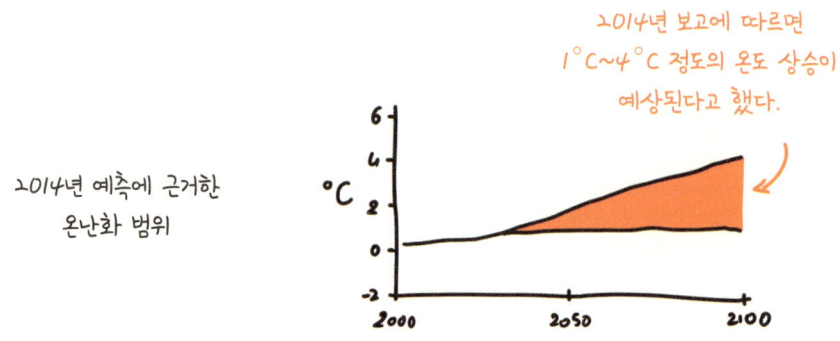

2014년 예측에 근거한 온난화 범위

2014년 보고에 따르면 1°C~4°C 정도의 온도 상승이 예상된다고 했다.

계산법이 더 정교해지고 시간이 지날수록 예상되는
지구의 온난화 현상은 더 심각해지고 있다.

* IPCC(Intergovernmental Panel on climate Change):
  기후 변화로 야기되는 전 지구적 위험을 평가하고 대책을 마련하기 위해 설립한 유엔 산하 국제 협의체

2014년 보고에 따르면 2°C 이상 온도가 상승할 경우
생태계가 파괴될 것이고 이를 다시 돌이킬 수는 없을 것이라 한다.
상황이 이렇게 심각하니 2018년에는 IPCC에 특별 연구를 의뢰하기까지 했다.

결론은 이렇습니다.
우리 문명은 2°C가 넘는
온난화를 견딜 수가 없어요!

1.5°C로 온도 상승을 제한한다면
적응 정도는 기대해 볼 수 있겠죠.
그러려면 2020년 정도에는
오염 물질 배출량을 반으로 줄이고
2050년에는 0이 되어야 합니다.
물론 이런다고 해도 모든 게
다 해결되지는 않지만요.

다음과 같은 기후 변화의 결과는
이미 알려져 있는 것이며 보고서에도 잘 설명되어 있다.

폭염이 심해지고 그 기간도 점점 늘고 있는 상황.
이로 인해 사망자는 늘어나고 병원 등의
건강 관련 서비스의 과부하.

라임병이나 치쿤구니야 바이러스 등
전염병을 몰고 다니는 곤충들의 서식 영역은
점점 늘어 가는 추세.

농작물 수확량의 감소. 3.5°C 이상의 온난화가
발생하면 라틴 아메리카와 아프리카를 선두로
전 세계 농작물 수확에 큰 어려움이 빚어질 것이다.
이미 4억5천이 넘는 인구가 영양실조를 앓고 있는
라틴 아메리카와 아프리카에서는 농작물 수확량이
12~15% 감소할 것으로 보인다.

그리고 제일 중요한… 해수면 상승 문제가 남았다.

농학자이자 환경 운동가인 다니엘 타뉘로.
그는 저서 《불가능한 녹색 자본주의》에서 해수면 상승을
다모클레스의 검과 같다고 말한다.

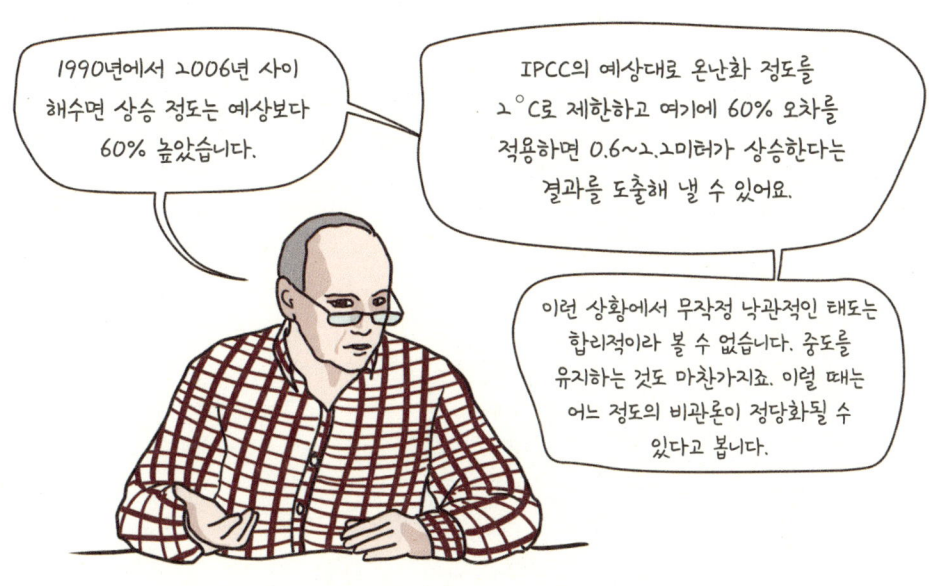

어떻게 예상 오차가 60%나 된 것일까? 다니엘 타뉘로에 따르면,
빙하의 움직임을 제대로 예측하기가 어렵기 때문이라고 한다.

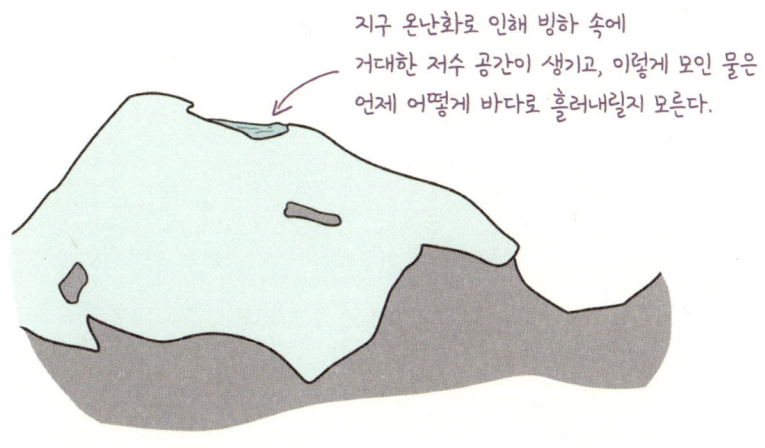

지구 온난화로 인해 빙하 속에 거대한 저수 공간이 생기고, 이렇게 모인 물은 언제 어떻게 바다로 흘러내릴지 모른다.

이처럼 예측 불가능한 얼음 덩어리 때문에 다니엘 타뉘로가
'빙하 붕괴'라 부르는 위험에 처하게 된 것이다.

NASA의 전 소장이었던 제임스 한센 박사도 같은 입장이다.
2008년 한센 박사는 이산화탄소 배출량을 완전히 줄이지 않는다면
15년 사이에 빙모 붕괴는 불가피할 것으로 예상했다.

* ppm(part(s) per million): 대기 중 이산화탄소 백만분율. 공기 백만 분자당 온실 효과 가스 분자의 수

이는 의심의 여지가 없는 확실한 결론이다.
IPCC가 내놓은 비관적 시나리오를 따라야 함은 물론이요,
기후 변화가 야기하는 인류의 비극은 예상처럼
세기말이 아니라 그 이전에 온다는 사실을
염두에 둬야 할 것이다.
빙하 붕괴가 초래하게 될 결과는…

네덜란드가 물에 잠기게 될 것이고…

뉴욕, 상하이,
뭄바이의 해변 지역 역시 침수.

세계 곳곳의 작은 섬이나
삼각주 역시 모두 사라질 것이고…

해수와 담수가 섞여 수백만 명의 사람들에게
마실 물이 부족해지는 상황이 올 것이다.

다니엘 타뉘로의 말을 빌리자면, 앞서 말한 끔찍한 일들 때문에 우리 인류가 멸종하는 건 아니에요. 현재 우리 문명의 한계와 최후를 알리는 것이죠.

이제 우리는 두 가지의 긴급 과제를 해결해야 합니다. 문명을 지키기 위해서는 지구 온난화가 더 이상 진행되지 않도록 막아야 합니다. 이미 발생한 기후 변화는 어쩔 수 없어요. 대신, 이런 상황에 제대로 적응하는 방법을 마련해야 하죠.

신속히 움직여야 합니다. 하지만 그렇다고 아무렇게나 대처해서는 안 되겠죠? 지구 온난화에 대해서는 이미 30년 전부터 얘기하고 있어요. 그런데 왜 정부는 두 손을 놓고 있었던 걸까요? 우선 그 이유를 이해해야 한다고 봅니다.

2

좀 더
시니컬하게?

흠… 우리 문명의 폭망이 다가오고 있고, 이미 많은 정부에서는 이 사실을 오래전부터 알고 있었죠… 그런데 겉치레용으로 좀 움직인 것 외에는 제대로 문제 해결에 나서지 않았다는 말이죠?

아니, 어떻게 이런 일이 가능한 걸까요?

그 답은 바로 제임스 와트의 이야기와
석탄을 에너지원으로 사용하기로 결정한 데서 찾을 수 있다.
산업화 시대 이후에는 아주 소수의 사람들만이 우리 사회를 만들어 나가는 데
필요한 중요한 결정을 내린다는 점을 주목하자.

소수에 의한 소수를 **위한** 그런 결정.

이런 소수의 사람들이 원하는 바는 인류의 미래가 아니다.
그저 부를 축적하는 것일 뿐 (돈, 돈, 또 돈!)

이래서 우리는 이들을 **자본주의자**라 부르는 것이다.
내가 그냥 막 하는 말이 아니다, 사전을 찾아보시라!

'녹색 경제'의 가능성을 연구하기 위해
UN이 위임한 경제학자이자 은행가인 파반 수크데브의 말을 들어 보자.

이러니 시니컬해지지 않고 버틸 수 있냐고요…

그렇다고 뭐 대단한 음모가 있거나 한 것은 아니다.
자본주의자들은 영화에서나 볼 수 있는 파렴치한 악당도 아니고,
지구를 파괴하고 인류를 괴롭히는 것이 그들의 목표도 아니다.

일부러 그러는 건 아니지만 돈을 버는 강력한 수단인 것은 사실이다.

아주 구체적인 예로 **미국 전차 스캔들**을 들 수 있겠다.
1940년 '제너럴 모터스'사와 몇몇 기업이 의기투합하여
캘리포니아 철도 회사인 '퍼시픽시티라인스'의 경영권을 거머쥔 사건이었다.

몇 년 후 이들은 전차 노선 및 전력 공급선까지
다 철거하여 노면 전차를 없애 버리고 만다.

미국 서부에 대중교통을 없애서 사람들이 자동차를 사게 만들려는 계획이었다.
결국 샌프란시스코만 대중교통 네트워크를 유지할 수 있었다.

물론 이 스캔들 관련자들이 1949년에 재판을 받긴 했다.
그 결과, '제너럴 모터스'사와 이 회사의 재무 이사에게
각각… 5,000달러와 1달러의 벌금형이 떨어졌다.

권력을 유지하려는 자본가들의 행위는 여론 조작에만 국한되지 않는다.
사법 시스템에 대한 압력도 서슴지 않는다는 말이다.

그리고 결정적으로 정부와 손을 잡는다는 사실…

같은 학교 출신이고 서로 친밀한 관계를 유지하는 고위 공무원과 정치인들,
그리고 대기업 사장들이 꽤 많은 편이다. 또한 이들은 정치를 하기도 했다가
기업을 운영하기도 했다가 고위 공무원도 됐다가…
경력도 다양하다.

'다소 시스템'사의
부회장이었던 뮤리엘 페니코는
2017년부터 노동부 장관으로
일하고 있다.

보건부에 있던 엠마뉴엘 바르공은
2015년 '다논'사의 로비스트가 되었다.
그러다 2018년부터는
환경부 국무장관으로 일하고 있다.

에두와르 필립은
2007년에 환경부에서 일하다가
'아레바'사에서 약 3년간
공무를 담당했다.
그리고 2017년부터는 국무총리로 있다.

이런 학연의 대가(!)를 톡톡히 치른 이는 바로 제임스 한센이다.
환경적 위기에 대해 절대 대중들에게 알리지 말라는
정부의 압력을 비판하고 세상에 알림으로써
그는 2013년 나사(NASA)를 떠나야 했다.

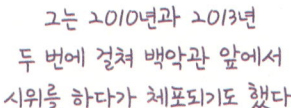

그는 2010년과 2013년
두 번에 걸쳐 백악관 앞에서
시위를 하다가 체포되기도 했다.

현재 제임스 한센은 환경과 기후의 균형 대신 자본주의적 이윤을
더 중요시하는 정부를 비난하며 불만을 호소한 손녀를 대변하고 있다.

한센은 이미 1988년에 지구 온난화와 산업 활동의 연관성에 대해 상원 의원들에게 경고한 바 있다.

몇몇 대기업에서는 세계기후연맹이나 세계기후연구보고단체(엑손 모빌) 같은 조직을 만들어 지구 온난화 현실을 부인하는 소수 학자들의 연구 자금을 대주며 진실이 세상 밖으로 나오는 것을 막으려 했다.

기후 과학이 전혀 믿을 만한 게 아니라는 걸 일반인이 **이해하게 되는** 그날, 미디어 역시 그걸 **알게 되는** 바로 그날, 과학의 힘을 빌어 교토 협약을 홍보하는 그들이 제정신이 아니었음이 밝혀지는 바로 그날이 우리에게는 승리의 날입니다, 여러부우운!

↑
정말 있었던 일.
1998년 뉴욕 타임스에서 공개한 세계기후연구보고단체의 메모 중 발췌.

과학사 교수인 나오미 오레스케스는
이런 기업과 소수 과학자들을 '의혹팔이꾼'이라 칭하며
그들의 방법론을 연구했다.

과학자들은 이미 기후 변화 현실에 대해
의심의 여지가 없다는 것을 알고 있었어요.
우리 역사가들은 바로 이 사실을 간파하고 있었지요.
과학자들은 90년대에 이미 인간의 산업 활동으로 인해
지구 온난화가 진행되었다는 걸 알았어요.

그럼에도 불구하고
미국이나 미디어에서는
온난화를 논란의 여지가 있는
이슈인 듯 다뤘죠.

그래서 조사를 해 봤어요.
그랬더니 이게 다 과학적 합의에 이의를 제기하는
작전에 정기적으로 참여했던 소수의 과학자들
때문이란 걸 알게 됐어요. 기후 변화의 심각성에 대해
의심을 품게 하고, 정부가 환경 문제 해결에 나서는 걸
방해하는 게 이들의 목표였죠.

기후 변화에 의심을 품게 하는 로비 활동은 오랫동안 지속되었다.
하지만 지금은 대부분의 사람들이 지구 온난화가 현실임을 직시하고 있다.
그러니 의혹팔이꾼들은 다른 방법을 찾을 수밖에.

이제 그들이 말하는 '해결책'이 무엇인지 알아보도록 하자.

존경하는 여러분,

아무 걱정 말고 우리 제품을 계속해서 사용하셔도 됩니다.
왜냐, 우리 지구를 보호하기 위한 슈퍼 울트라 해결책이
이미 마련되었기 때문이죠. 그게 뭐고 하니...

재활용

그러니 우리를 믿으시고 계속해서 돈, 돈, 돈을 주세요!

자본주의자 드림

자본가들은 재활용 장려를 통해
'녹색 자본주의'로의 전환이 가능하다는 생각을 사람들에게 심어 주었다.

2025년까지 플라스틱 100% 재활용을 목표로 제시한 프랑스 정부.
국민들에게 재활용을 무슨 마법처럼 생각하도록 하고 있다.
재활용 과정이 모든 포장 용기를 무제한으로 재사용할 수 있도록
해 준다고 생각하도록 말이다.

굳이 삶의 방식을 바꿀 필요가 없는 것처럼 보인다!

그러나 현실은 100% 재활용과는 거리가 멀다.
플라스틱의 종류도 다양하고, 재활용을 위한 분류 지침 역시 몹시 복잡하다.
뿐만 아니라 국가 차원의 일률적 조정의 부재로 인해
현재 상용되고 있는 플라스틱류 중 6%만이 재활용되고 있는 실정이다.

어디 그뿐인가? 플라스틱은 재활용을 할 때마다 그 특유의 성질을 조금씩 잃게 된다.
또한 에너지와 자금이 많이 드는 공정일 뿐만 아니라 재활용 과정에서
브롬과 같은 독성 물질이 방출되기도 한다. 그러니 재활용이라는 것이
정부 측에서 침이 마르도록 자랑하는 마법 같은 해결책은 아니지 않을까?

결국 재활용은 답이 아니다.

존경하는 여러분,

뭐, 잘 알겠습니다만… 계속해서 우리 물건을 사도 됩니다.
걱정 없어요. 왜냐! 우리 지구를 위한
너무나 좋은 해결책이 있거든요. 그게 뭐고 하니…

재활용
과학

그러니 우리를 믿으시고 계속해서 돈, 돈, 돈을 주세요!

자본주의자 드림

이들은 참으로 다양한 방법을 통해 과학만이 우리를 살릴 수 있다고 강조한다.

훼손된 삼림을 대신하여
이산화탄소를 끌어들이는
인공 나무부터 시작해서···

유독 배출 물질을 끌어모으는
기술에 이르기까지··· 결국 해저나
땅속에 매립하긴 하겠지만!

문제는 이런 해결책이라는 게 이산화탄소라는
거대 빙산의 일각도 안 된다는 점이다.
이산화탄소를 탄산칼슘으로 변환시켜
해저에 매립하는 방법을 선택한다고 치자.
그러면 폐기물 운송을 위해 전 세계에 존재하는 배라는 배는
다 동원해야 한다는 계산이 나온다.

재생 에너지 쪽도 별 뾰족한 수가 없는 건 마찬가지.
풍력 터빈이나 태양 전지판을 설치하기 위해서는 특별한 원료가 필요한데,
대부분이 아주 **희귀한 금속**이다.

이러한 희귀 금속(스칸듐, 이트륨, 란타나이드 등)
추출 시에는 독성 혹은 방사성 물질이 배출된다.
따라서 서양에서는 이런 작업을
외국에 위탁하는데, 대부분 중국에서
이루어진다고 한다.

이에 관해 더 자세히 알아보기 위해 나는 기욤 피트롱 씨를 만나 보았다.
그는 기자 겸 감독으로 6년간의 취재 끝에 《희귀 금속 전쟁》이라는 책을 냈다.

소위 '녹색' 제품이라고 소개하는 것들 (이를테면 전기 자동차, 풍력 터빈 등) 대부분은 금속으로 만들어지죠, 그 금속의 희귀 여부와는 상관없이요. 그런데 이런 금속을 추출하는 데는 돈이 많이 들고 오염도 심합니다. 이건 문제 해결이 아니고 쟁점을 다른 곳으로 옮기는 것일 뿐이죠. 화석 연료를 사용하지 않는 대신 그만큼 위험하고 논란의 여지가 많은 다른 에너지원으로 전환하는 거예요.

현재 우리가 소비하는 에너지의 17%는 재생이 가능합니다. 그러나 이 비율을 늘린다 하더라도 화석 연료 사용의 전체적 양은 바뀌지 않을 거예요. 왜냐하면 새로운 에너지원을 개발할 때마다 전체 에너지 소비량은 더 늘어나기 때문입니다. 에너지 효율이 높을수록 더 많은 사람이 구입한다는 말입니다.
이 역설적인 상황을 **리바운드 효과**라고 합니다.

또한 이런 해결책을 선택한다는 것은 많은 돈을 투자한다는 것을 의미한다.
그리고 자본가들은 수익성이 없는 곳에는 투자를 하지 않는다.

앞서 소개한
파반 수코데브의 말을
기억하는지?

제 고객들은
이윤을 남길 수 있는 데만
투자하죠.

실제로 남향집이나 남향 건물 지붕에
태양광 판을 설치하기만 해도
유럽 전 가정의 전력 요구를 충족시킬 수 있다.
하지만 현실이 그렇지 않은 이유는?
모든 가구가 설치비를 감당할 수 있는 게
아니기 때문이다.

설치비가 없다고?
벌어, 그럼.

존경하는 여러분,

님들 좀 너무하는 거 아님? 너무 까다로우신 듯.
그래도 우리가 누규? 환경을 보호할 새로운 해결책을 찾아냈지 뭐예요!
그게 뭐고 하니…

재활용, 과학
탄소 배출권

그러니 우리를 믿으시고 계속해서 돈, 돈, 돈을 주세요!

자본주의자 드림

이는 교토 의정서(1997)에서 다루고 있는 해결책 중 하나이다.
각 기업이 **탄소 배출권***을 구매하여 이산화탄소 배출에 대한 비용을 지불함으로써
기후 변화에 대해 '책임감을 갖도록 하자'는 데 그 목적이 있다.

하지만 문제는…

미국과 호주(전체 이산화탄소 배출량의 1/3이 이 두 나라에서 나옴),
러시아와 캐나다가 교토 의정서 비준을 철회했다는 사실이다.

그리고 많은 기업들이 **배출 할당량을 초과한 경우**에만
비용을 지불한다는 것이다. 이 기업들은 운영에 필요한
탄소 배출권을 **공짜**로 받는다. 어디 그뿐인가,
환경 보존을 위해 그 어떤 노력도 하지 않는
이 기업들은 운영에 필요한 것보다 더 많은 양을 배급받아
오히려 **남는 배출권을 팔아 이익을 남긴다는 사실이다!**

노력을 하라고? OK.

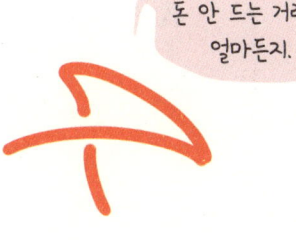
돈 안 드는 거라면 얼마든지.

LAFARGE: 프랑스 건축 자재 회사

2010년과 2011년, 프랑스에서
가장 오염이 심한 기업인
'아르셀로미탈'은 잉여 배출권을 팔아
2억2천3백만 달러의 수익을 거뒀다.

존경하는 여러분,

님들 정말 너무하는 거 아니심? 왜 만족을 못하는 거임···
그런데 웬일··· 우리가 또 새로운 해결책을 마련하지 않았겠어요?
그게 뭐고 하니···

~~재활용 과학 녹색 투자~~

이게 다 당신들 탓이니 알아서들 하시옷!

그래도 우리한테 돈은 계속 주세염.

자본주의자 드림

이게 요즘 유행하는 핑계 중 하나라고 보면 되겠다.
소비자들을 환경 오염의 주범으로 몰아 죄책감을 느끼게 하는 것.

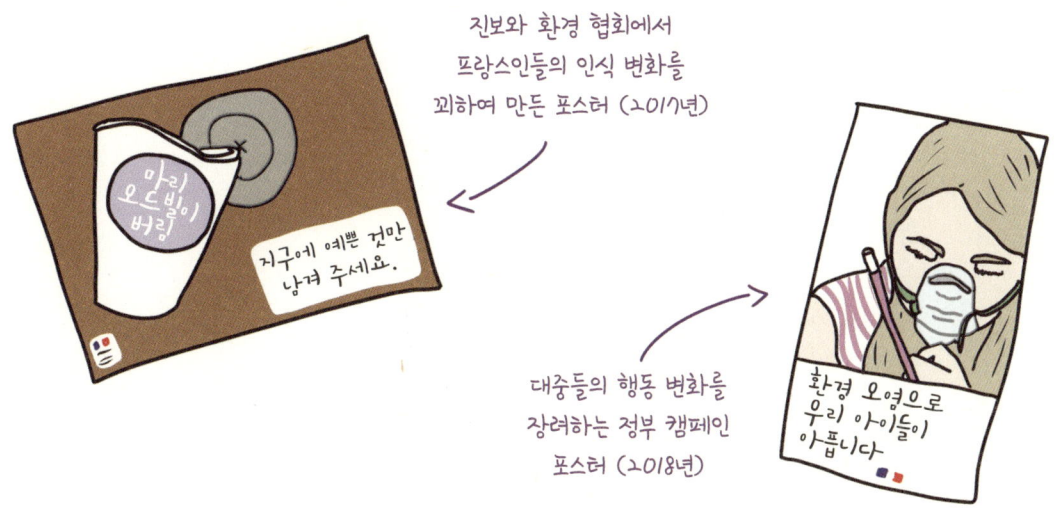

도대체 왜 대기업이나 NGO는 이런 캠페인에 발 빠르게 투자를 하는 걸까? 이상하지 않은가?

플라스틱 폐기물을 없애기 위해 노력하는 NGO 단체 '클린 유럽 네트워크'가 있다.
이 단체의 책임자인 제랄드 보켄의 이야기를 들어 보자.
그는 프랑스2 채널의 프로그램 Cash Investigation*과 다음과 같은 인터뷰를 했다.

* 2018년 9월 11일 방송

NGO 사무국장인 이몬 베이츠는
포장 제조업자들의 압력 단체인 Pack2Go의 사무국장이기도 하다. 웁스!

여기서 다시 환경 오염을 일으키는 소위 '나쁜 소비자' 얘기로 돌아와 보자.
이들은 내가 왜 오염을 일으키는 주범이냐고 항의하기는커녕
오히려 죄책감을 느끼는 게 대부분. 하긴 어떤 일에 대한 책임을 지는 건
어떻게 보면 은근 매력적인 일이기도 하다.

우리도 뭔가 해낼 수 있다는 그런 인상을 주기 때문이다.

사람들은 지구를 구하기 위한 '작은 행동들'이
얼마나 효과적인지 과장하며 너도나도 지키려 노력한다.

환경을 위한 개인들의 노력을
강조하는 내용은 SNS에 넘쳐난다.
'나부터 시작 ça commence par moi'라는
블로그에는 온난화를 막기 위해 할 수 있는 일
365가지를 소개하고 있다.

이런 내용들은 깨어 있는 사람들 사이에서
큰 반향을 불러일으킬 수 있겠다.
하지만 우리는 여전히 무력감을
느낄 수밖에 없다. 당장 실행에
옮길 수 있는 해결책들을 여기저기서
기분 좋게 소개함으로써 마치 이걸로 끝인 듯,
더 심오한 사회적 변화는
필요 없는 듯 만들기 때문이다.

과연 그럴까? 모든 것이 우리로부터 시작될 수 있는 걸까?

소수의 사람들이 이 사회를 움직이는 기반(이를테면 에너지원의 선택이나 교통 운영 방식이라든가…)을 세운다는 사실, 이미 앞에서 살펴봤다.

제조업자들은 수력보다는 석탄 사용을 선택했다.

석유·자동차 기업주들은 철도 대신 자동차 사용을 강요했다.

이런 맥락에서 봤을 때 우리 개인이
뭔가 해 볼 수 있는 가능성은 아주 낮다고 할 수 있겠다.

프랑스 전기 회사 '엔지'가
앞으로도 오랫동안 수익성을 보장해 줄
원자력 발전소를 철거하지 않는 이상
어떻게 청정 에너지를
사용할 수 있겠는가?

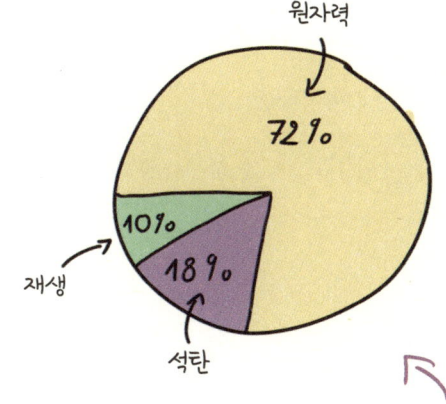

원자력 72%
재생 10%
석탄 18%

2016년 프랑스에서 생산된 전기 공급원

집에서 직장까지의 거리는 멀고,
정부에서는 계속해서 철도 노선을
철거하고 있는 상황이라면?
도대체 어떻게 자동차 사용을
줄일 수 있을까?

배 / 비행기 2% / 기차 3%
94%
도로 이용

2013년 프랑스에서 운송 수단별로 사용된 에너지 양

특히 이런 선택을 하는 이유는 **수익**을 위한 **시장** 논리 때문이다.
그리고 이 수익이라는 것은 개인적 행동에서 비롯되는 것보다
더 심각하고 더 쓸데없는 오염과 낭비의 원천이기도 하다.

예를 들어 보자.
매년 네덜란드에서 독일로
35만 톤의 닭이 수출된다.
동시에 독일은 네덜란드로
10만 톤의 닭을 수출한다···

통신 업체들도 마찬가지.
이들은 고객 유지를 위해
필요한 양 이상의 안테나 시설을
구축하고 있다.

파리 시의 자전거 대여 서비스인 '벨리브'의 경우도 마찬가지다. 공급 업체가 바뀌자 이미 있던 벨리브 자전거를 모두 철거하고 똑같은 걸 새로 갖다 놓았다···

우리 애들한테 가져다주면 좋겠네. 내 월급으로는 이런 걸 살 수가 없으니···

'아마존'은 빠른 배송을 위해 자체 창고에 많은 물품을 보관하고 있다. 그러다 시간이 지나면 팔리지 않은 제품은 폐기한다는데···
(2018년에 320만 개의 제품 폐기*)

매년 프랑스에서는 1억2천4백만 권의 책(전체 책의 1/4 분량)을 폐기한다고 한다. 가격 할인 판매를 하든가 기증을 하는 대신에 말이다.

* 출처: '르 몽드'지 2019년 1월 13일 기사

이런 초대형 낭비 앞에 우리 각자의 작은 행동들이 미칠 수 있는 영향이라…
물론 의미는 있다. 하지만 절대 충분하지는 않다.

국제 NGO 단체인 '탄소 공개 프로젝트(Carbon Disclosure Project)'의 보고에 따르면, 온실 효과를 유발하는 가스 배출량 70% 이상이 겨우 백여 개 기업에서 나오는 것이라고 한다.

아무도 코카콜라를 사지 않으면
제품 생산도 중단될 것이라 생각할 수 있겠다.

불매 운동은 다른 브랜드에 비해
특정 브랜드가 뭔가를 잘못하였을 때
일종의 벌을 주는 의미에서 유용하다.
하지만 문제는 곳곳에 널렸다···
우리 사회가 굴러가는 방식 자체에도 문제가 많다.
그리고 무조건 소비를 중단할 수는 없는 노릇이다.

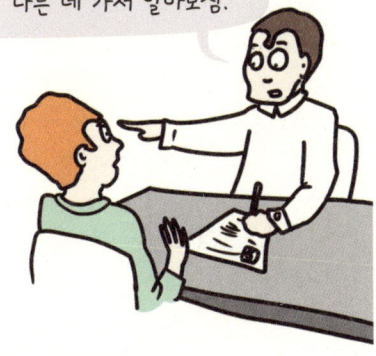

어차피 그런다고 진짜 문제가 해결되는 것도 아니다.
제조업체들은 제품에 '녹색/친환경' 딱지를 붙이고,
그러는 김에 가격도 조금 더 올리면서 계속해서
경쟁력을 유지해 나갈 것이다. 과잉 생산과
그에 따르는 낭비는 말할 것도 없다!

그리고 이 '작은 행동들'이란 것이 누구에게나 가능한 것만은 아니다.

새벽 4시에 일어나 2시간이 넘게
대중교통을 이용해 일터에 가야 하는
청소 용역 노동자인 경우라면? 중고품 가게에서 시간을 보내고,
농민보호협회 일을 돕고, 유기농 페어 트레이드 물품을 구입하고,
걷거나 자전거를 타고 출근하는 일이 과연 가능할까?

파스타 한 상자가 이렇게 비싸?

평균적으로 환경 오염을 악화시키는
행동을 하는 계층은 바로 부유층 가정이다.
정말 위선적이지 않은가! 소위 '녹색' 제품은
사들이면서도 큰 집을 건사하느라
보온 연료도 많이 쓰고 전기도 많이 쓴다.
기름이 많이 드는 큰 차에 에어컨 사용까지.
게다가 바캉스도 자주 가느라
비행기도 많이 탄다니.

그리고 현재의 맥락에서 살펴볼 때
환경 보호를 위한 작은 행동들이라는 게 대부분 여자들의 몫이다.
그러니 여자들의 정신적 부하를 한층 증가시키는 결과를 낳는다고 볼 수 있겠다.

이렇게 환경 보호를 위한 행동들을 하는 데 필요한 에너지,
더군다나 이렇게 사는 게 쉽지 않은 사회에서 그런 행동을 하는 데
필요한 에너지는 **돋보기 효과**라 불리는 부작용을 낳기도 한다.

하도 이것저것 많이 하다 보니 마치 환경 보호에
대단한 영향을 미치고 있다는 생각을 하게 되더라는 것이다.

이런 예들은 얼마든지 더 들 수 있죠.
하지만 이 정도면 여러분이
잘 이해했으리라 믿어요.
정부 측의 겉치레용 조치도,
개인의 작은 행동들도
지구 온난화를 막을 수는 없어요.

좀 절망적이죠?
하지만 해결책은 있답니다!
대신, 우리 모두가 함께
행동해야 해요. 각자
구석에서 자기 할 일만
한다고 되는 게 아니고요.

개인의 행동들을 다 모아 놓아도
확실히 달라지지 않을 수 있죠.
하지만 집단 지성이 있잖아요?
집단 지성은 그럴 힘이 있답니다!

3

할 일이 많아요, 많아!

최근 IPCC 보고에 따르면, 온난화 정도를 1.5°C 상승으로 제한해야
기후 변화에 적응할 수 있다고 한다. 물론 이 정도에 그쳐도
온난화로 인한 피해는 심각하지만 말이다.

온도가 1.5°C 상승하면 빙산 붕괴의
위험이 있다. 하지만 2°C로 상승하면
아주 위험한 상황에 처하게 될 것이다.

농작물 피해의 경우 다소
눈에 띄는 정도에서 아주 심각한 정도로
바뀔 것이다.

그리고 담수 산호는 몇 도가 상승하든
상관없이 사라질 것이다.

출처: 1.5°C 온난화에 대한 IPCC 특별 보고서 (2018년)

온난화의 주범은 우리가 대기로 방출하는 이산화탄소다.
놀랍게도 이산화탄소 배출량은 1900년 이후 꾸준히 증가하고 있다고 한다!

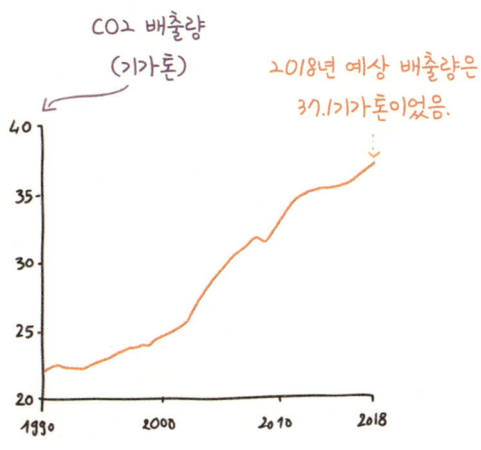

이렇게 배출된 이산화탄소는 백여 년 동안 대기 중에 머물면서
이미 지난 세기에 배출된 유독 가스와 결합하게 된다.
따라서 대기 중 유독 가스 농도가 급상승하게 되는 것이다.

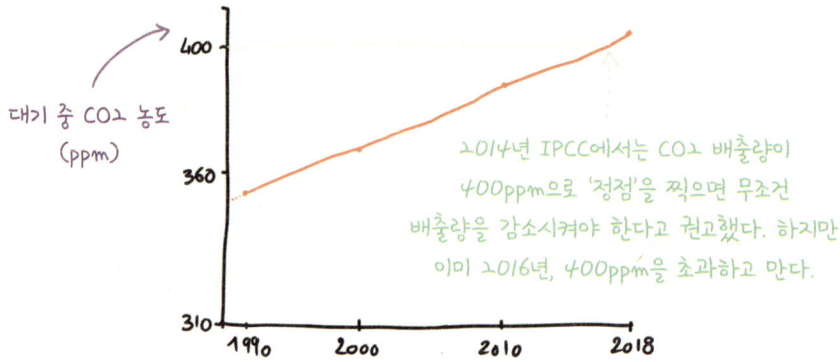

CO_2 배출량을 안정화시키는 것만으로 지구 온난화를 막을 수는 없다.
배출량을 줄이기 위해 아주 신속하고도 근본적인 방법을 동원해야 할 것이다.

IPCC의 예측에 따르면, 2020년부터는 무조건 배출량을 감소시켜야
2050년에 배출량이 0이 된다고 한다.

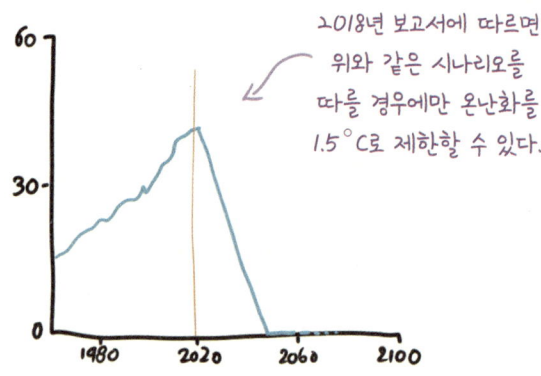

세계 모든 국가에서 동일한 양의 이산화탄소를 배출하는 것이 아니다.

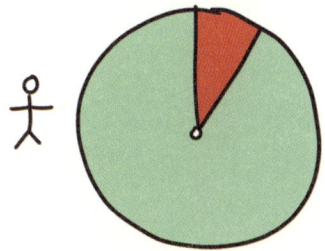

선진 자본 국가는 전체 인구의 16.6%

그런데 CO2 배출량은 77.1%

이런 나라에서는 과잉 생산 및 대규모 낭비 현상이 벌어지고 있는 반면, 라틴 아메리카, 아프리카, 중동 및 아시아에서는 10억 명의 사람들이 전기도 없이 살고 있다.

게다가 우리 동네에 와서 공장을 짓는다는!

따라서 2050년까지 해내야 하는 일은 대단히 야심 찬 과제일 수밖에!

소위 '선진국'들은 CO2 배출량의 85%를 감소하고

소위 제3 세계 국가로 분류되는 곳에서는 15~30% 가량 감소해야 한다.

제3 세계 국민들의 인간적이고 적절한 생활 수준 보장을 위해 필요한 모든 것을 실행에 옮기면서 해야 할 일들이다.

도대체 어떻게 해야 할까?

전 세계적으로 봤을 때 이산화탄소 배출은…

산업 및 에너지 생산에서 50%

농업 및 벌목 산업에서 25%

운송에서 15%

그리고 나머지는
건축 및 냉난방으로 인해
발생한다.

앞으로 몇 년간은 **화석 연료**를 사용하는 발전소를
모두 폐쇄하는 데 온 힘을 쏟아야 할 것이다.
그리고 조금씩 재생 에너지로 대체해 나가는 것이다.

물론 이에 반대하는 이들이 있다.

ENGIE: 프랑스 전기 회사

기술적인 측면에서만 본다면 **태양 에너지**가 해결책이 될 수 있다.

태양열은 화석 연료로 만든 에너지보다 8,000배 이상 더 강하다.

1년에 458엑사줄

1년에 3,850,000 엑사줄

그뿐인가, 태양열을 어떻게 저장할 수 있는지, 또 어떻게 하면 최적화시킬 수 있는지 등의 방법을 우리는 꽤 오래전부터 알고 있었다.

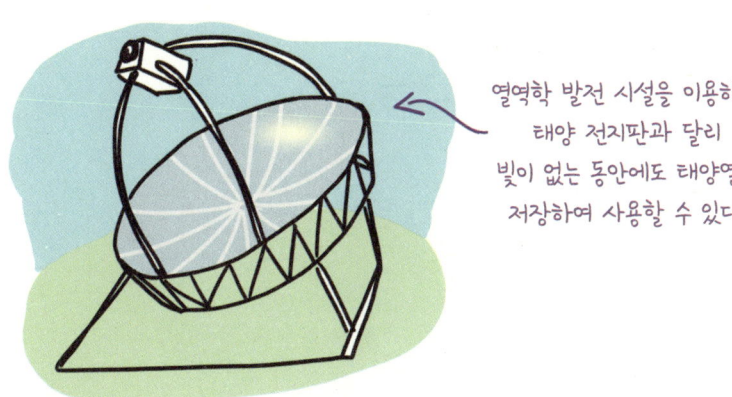

열역학 발전 시설을 이용하면 태양 전지판과 달리 빛이 없는 동안에도 태양열을 저장하여 사용할 수 있다.

문제는 기술이 아니다, 바로 정치!

이렇게 긴급한 상황에 처했음에도 불구하고
재생 에너지가 그다지 큰 관심을 끌지 못하는 이유는
또 그놈의 자본주의적 이유 때문이 아닐까.

이제 다음 질문으로 넘어가 보자.
어떻게 하면 자본주의자들로 하여금 오염 정도가 매우 심한 발전소에서
얻을 수 있는 수익을 포기하도록 할 것인가?
게다가 이 발전소들은 앞으로도 몇 년간은 계속 사용할 수 있는데 말이다.

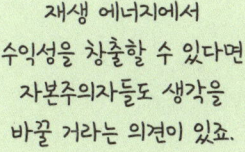

더 이상 피해를 주지 못하도록 내쫓아 버린다면?

아마 여러분들은 이런 말을 하겠죠? "그게 과연 가능할까? 어떻게?"

불행히도 저에게는 매뉴얼 같은 건 없습니다. 하지만 집단 지성과 집단 투쟁으로 이뤄 낼 수 있다는 건 알아요.

이 책을 쓴 목적은 바로 올바른 방향으로 우리의 투쟁을 이끌어 갈 수 있는 정확한 정보와 분석 방법을 제시하는 거예요. 문제의 실제 원인을 잘 파악하고 (우리를 이런 상황에 처하게 한 건 자본주의 시스템이죠!), 행동 목표를 설정함으로써 무책임하고 비인간적인 시장 논리를 종식시키자는 거예요.

세계 곳곳에서 조금씩 기후에 대한 집단 행동이 벌어지고 있다.
예를 들면, 2018년 8월부터 '학교 파업'이 시작되어
만여 명의 고등학생들이 참여하고 있다.

독일에서는 화석 연료 사용에 대항하는
전 유럽 차원의 집단 시위 '엔드글랜드'가 열린다.

석탄 발전소를 차단하기 위한
비폭력적 시위를 조직하는 단체

프랑스에는 2017년부터 시작된 ANV-COP21이 있는데,
이 운동은 에너지 전환에 관한 문제를 정치적 안건으로
심각하게 다루도록 하기 위한 움직임이라고 보면 된다.

2018년 8월 환경부 장관 니콜라 윌로의 사임 후
기후를 위한 행진은 프랑스 곳곳에서 계속되고 있다.

그때마다 수십만 시민이 행진에 참여한다.

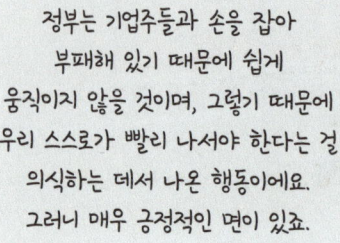
정부는 기업주들과 손을 잡아 부패해 있기 때문에 쉽게 움직이지 않을 것이며, 그렇기 때문에 우리 스스로가 빨리 나서야 한다는 걸 의식하는 데서 나온 행동이에요. 그러니 매우 긍정적인 면이 있죠.

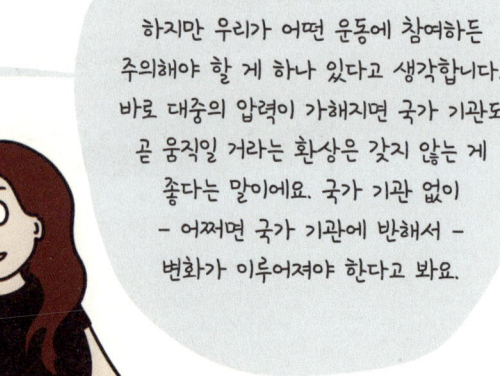
하지만 우리가 어떤 운동에 참여하든 주의해야 할 게 하나 있다고 생각합니다. 바로 대중의 압력이 가해지면 국가 기관도 곧 움직일 거라는 환상은 갖지 않는 게 좋다는 말이에요. 국가 기관 없이 – 어쩌면 국가 기관에 반해서 – 변화가 이루어져야 한다고 봐요.

COP21만 봐도 앞서 말한 주장에 일리가 있음을 알 수 있을 것이다.

마치 이런 총회만이 기후 변화를
막을 수 있는 유일한 길인 것처럼
떠들어 댔다. 하지만 이 회의의
기업 후원자들은 여러 회담을 열면서
'기후 변화 분야에서도 사업 혁신을
촉진할 수 있는 기회'에 참여하게 됐다며
자축하지 않았는가.

한편, 오염원인 기업들이
이 회담에 참여했다는 사실을 비판하며
시위에 나선 많은 사람들은 경찰로부터
과잉 진압을 당했다.

COP21 포럼을 이끌었던 세골렌 루아얄이 엘리즈 뤼세 앵커와의 인터뷰에서 다음과 같이 대답했는데, 이건 놀랄 일도 아닌 듯하다.

2016년 5월 25일 Cash Investigation
'기후 문제, 세계적 기업들의 블러핑' 편에 나온 인터뷰 중.

섬국가들이 사라진들 만들 '역사적으로 아주 특별한 순간'만 보내면 된다는 거다. 다시 말해 이른바 스폰서들의 기분을 상하지 않게 하는 합의를 찾아냈다는 얘기다.

게다가 함께 합의한 목표 달성을 이루지 못한 경우에 대한
어떤 처벌도 준비된 것이 없다. 그 목표라는 것이 그리 야심 찬 것도 아닌데 말이다.
왜냐, 세골렌 루아얄에 따르면 '징벌적 환경 보호'를 하면 안 되기 때문이라나 뭐라나…

그러니 2017년 이산화탄소 배출량이
2% 증가했고, 이로 인해 대기 중 농도가
411ppm이 된 것은 놀랄 일도 아니다
(앞서 400ppm에 이르면 무조건 떨어뜨려야
한다고 했던 말 기억하길 바람).

2017년 CAC40 프랑스 주가 지수
상장 기업들은 더 많은 수익을
창출했는데 세금은 덜 냈다고요.
게다가 이 기업들의 절반 이상은
CO_2 배출량이 더 늘었죠!

그런데도 우리 정부는
계획된 목표 달성(배출량을 1/4로 줄임)은
포기하고 배출되는 CO_2를 끌어모아
어디다 매장을 하겠다는 둥 만다는 둥
신기루를 붙잡고 저러고 있다…

과학 기술이
해결해 줘요.
믿으쉐여!

국가가 됐든 법이 됐든 어떤 제도나 기관에 기대할 필요가 없다는 게 제 생각입니다. 미국의 자동차 역사를 보면 아시잖아요. 자본가들과 그들의 이익을 위해 국가와 제도가 움직이지 않았습니까?

우리 스스로가 직접 나서야 해요. 그들만의 경제를 마비시키면서요. 그러려면 많은 사람들이 모여 서로 단합해야 하겠죠!

물론 이것만으로는 충분하지 않다. 앞서 희귀 금속 문제에서 봤듯, 현재 우리의 소비량을 충족시키려면 대규모의 태양광 발전소와 풍력 터빈이 동원되어야 하는데, 이는 생태학적으로 불가능한 일이다.

희귀 금속을 당신들 나라에서 직접 추출해 봐요! 그래야 정신을 차리지.

부유한 나라에서는 생활 방식을 아예 바꿔야 할 것이다.
이때 수익 창출의 강제성에서 자유로워질 수 있다면
새로운 생활 방식을 만드는 일이 더 쉬워질 것이다.

실제 필요한 것 이상의 소비를 장려하는 게
유일한 목적인 광고를 제거하고…

제품의 수명을 계획하여 어느새 구식을
만들어 버리는 시스템을 없애야 한다.
더 오래가고 더 튼튼한 물건을
만들 수 있지 않을까?

더 나아가 '유행'이라는
콘셉트 자체가 사라질지 누가 알겠는가!
해마다 옷장 속을 싹 갈아엎게 만드는 이 유행.

불필요하고 유해한 물건 생산을 중단할 수 있지 않을까.

그러면 노동 시간을 대폭 줄이고, 자유 시간을 더 많이 누리고,
새로운 사회를 만들고 즐길 수 있지 않을까.

이렇게 하면 수익성과 경쟁으로부터 과학이 자유로워지지 않겠는가.
그러면 우리는 기후 변화에 대한 해결책을 찾고 수많은 사람들의
생활 환경 개선을 위해 진짜 과학을 사용하게 될 것이다.

누가 먼저 특허를 낼까 다투는 대신
새로운 과학의 발견을 서로가 함께 나누고.

지불 능력이 되든 안 되든
상관없이 많은 사람들이 사용할 수 있는
해결책을 만들어 내고.

과학을 통해 누구든지
교육을 받을 수 있는 세상을 만들고.
이렇게 교육을 받은 이들은 또 다수를 위한
해결책을 만들어 내고…

시장 논리를 배제시킨다면 아주 새로운 사회를 상상해 볼 수 있을 것이다.

학교를 더 많이 세우고,
인근 병원 및 수준 높은 대중교통 시설을 늘리면
차 없는 사회를 조직해 볼 수 있지 않을까.

대륙 간 열차 노선을 만들면
비행기 사용도 최소한으로
줄일 수 있지 않겠는가.

어쩌면 대규모 육류 산업을 없애고
현지 제품을 소비할 수 있는 시스템을
구축할 수도 있을 것이다.

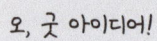

여기서 '어쩌면'이라고 조건을 다는 이유는…

이러한 결정은 각자의 필요를 제대로 반영하여
모두 함께 민주적인 방법으로 논의될 때만 그 효과가 있고 공정하기 때문이다.

이미 있던 직업은 사라지고 새로운 직업이 생겨날 것이다.
이런 전환의 시대에는 모두가 인간적 존엄을 보장받고
새로운 사회에서 역할을 할 수 있도록 서로를 도와야 할 것이다.

이렇게 말하고 보니 시간이 너무 오래 걸리고 아예 불가능한 일인 것처럼 보이기도 하네요. 샤워하면서 오줌도 같이 싸서 물을 아끼는 것보다는 더 복잡하고 시간도 더 오래 걸리는 일인 것 잘 알아요. 하지만 이것만이 우리의 유일한 희망인걸요···

함께 뭉치면 가능한 일이에요. 자본가들, 그리고 그들을 위해 움직이는 정부와 멀어져서 우리 스스로 정치화하고 조직화하여 만들어 내는 거예요.

참여 행동을 통해 세상과 대화해야 합니다. 이제는 나서야 할 때임을 알려야 해요. 그래야 더 많은 사람들이 이 싸움에 동참할 수 있을 거예요. 환경 및 인력 낭비는 물론 오로지 수익만 따지는 이런 시장 논리를 잠식시킬 수 있는 이 싸움에···

출처

1. 작은 기계 하나

8쪽-15쪽 《역사에 반하는 인류세》, 안드레아스 말름 지음, 라파브리크 출판사, 2017년

16쪽 《2014년 기후 변화》 IPCC 보고서, https://www.ipcc.ch/site/assets/uploads/2018/02/SYR_AR5_FINAL_full.pdf

17쪽 2018년 11월 26일 '프랑스 퀼튀르 채널' 다큐멘터리 중 《두 개의 물줄기 사이에 놓인 방글라데시》 편

17쪽 유엔개발계획(UNDP), 《2007/2008 인류 발전을 위한 세계 리포트》

18쪽 《2014년 기후 변화》 IPCC 보고서, 《2007년 기후 변화》 IPCC 보고서

19쪽 《1.5°C 글로벌 워밍》, IPCC 지음, 2018년

21쪽 《불가능한 녹색 자본주의》, 다니엘 타뉘로 지음, 라파브리크 출판사, 2012년

23쪽 2008년 4월 7일 '더 가디언' 기사 〈기후 관련 목표, 충분치 않다〉

24쪽 2015년 12월 23일 '노동투쟁협회' 기사 〈지구 온난화: 무책임한 자본주의에 대한 증거〉

2. 좀 더 시니컬하게?

30쪽 2008년 12월 4일 '르몽드 환경과 과학' 기사 4쪽

32쪽 '미국 트램 관련 스캔들' 위키백과 자료

36쪽 1988년 6월 24일 '뉴욕 타임스' 기사 〈온난화는 시작됐다〉

37쪽 2008년 6월 23일 제임스 한센의 연설 '온난화 20년 후: 가까워진 티핑 포인트'

38쪽 1988년 4월 26일 '뉴욕 타임스' 기사 〈기후 조약에 맞서는 기업체〉

39쪽 2012년 3월 30일 '프랑스 퀼튀르 채널' 《'의혹팔이꾼들', 일부러 우리를 속이고 있는가?》

43쪽 2018년 3월 8일 '프랑스 엥테르 채널' 《쓰레기 분류: 진짜 재활용되는 건 무엇일까?》

45쪽 2016년 2월~3월, '인프레코르'에 실린 다니엘 타뉘로의 에세이 《파리 협약을 흔드는 지반 공학》

46쪽 《희귀 금속 전쟁》, 기욤 피트롱 지음, 레리엥기리브르 출판사, 2018년

48쪽 2005년 5월 24일 PV-TRAC(태양 전지판 기술연구협회) 보고서 《태양광 기술의 비전》

51쪽 2012년 4월 26일 '르몽드' 기사 〈대기업 '아르셀로미탈', 자회사 제철소 문 닫으니 돈 더 벌어!〉

53쪽 2018년 9월 11일, '프랑스2 채널'의 프로그램 'Cash Investigation' 〈위험한 플라스틱〉 편

55쪽 인터넷 사이트 '나부터 시작 ça commence par moi'

57쪽 2017년 '국제에너지협회' 보고서 《IEA 국가의 에너지 정책》

58쪽
2015년 12월 23일 '노동투쟁협회' 기사 〈지구 온난화: 무책임한 자본주의에 대한 증거〉
2012년 10월 11일 '르 주르날 드 디망슈' 기사 〈통신사 안테나 네트워크 통일 방안〉

59쪽
2018년 2월 6일 '리베라시옹 체크 뉴스' 기사 〈이전 벨리브는 어떻게 되었나?〉
2019년 1월 11일 '르몽드' 기사 〈아마존, 대형 폐기 산업〉
'페이퍼블로그' 글 〈도서 폐기와 과잉 생산: 안 팔린 책은 어디로?〉

60쪽
플라넷도스코프 사이트 〈코카콜라사의 물 소비〉
2017년 7월 16 '시앙스 에 아브니르' 기사 〈세계 탄소 배출량의 70% 이상을 생산하는 100개 대기업〉

62쪽 《기후의 문제》, 장-바티스트 콩비 지음, 레종다지르 출판사, 2015년

3. 할 일이 많아요, 많아!

68-69쪽 2018년 IPCC 1.5°C 온난화에 대한 IPCC 특별 보고서

71쪽 《역사에 반하는 인류세》, 안드레아스 말름 지음, 라파브리크 출판사, 2017년

72쪽 2015년 12월 23일 '노동투쟁협회' 기사 〈지구 온난화: 무책임한 자본주의에 대한 증거〉

75쪽 《불가능한 녹색 자본주의》, 다니엘 타누로 지음, 라파브리크 출판사, 2012년, 84-85쪽

83쪽 'COP21 PARIS' 인터넷 사이트

84쪽 2016년 5월 25일 Cash Investigation 〈기후 문제, 세계적 기업들의 블러핑〉 편

85쪽
2015년 11월 25일 '아탁' 기사 〈COP21 후원자, 누가 무엇을 주었나?〉
2019년 2월 7일 '리베라시옹' 기사 〈정부, 프랑스 온실 효과 주범인 가스 배출량 1/4로 줄이겠다 발표〉

감사의 말

이 책을 만드는 데 적극적으로 참여해 준 엘렌과 팀에게 감사의 말을 전한다.
정신적으로 큰 버팀목이 되어 준 두 사람. 그들이 재빨리 만들어 준 커피를 앞에 두고
점심시간까지 이어졌던 우리들의 정치 이야기… 고맙다.

우리 부모님과 시부모님께도 감사드린다. 특히 시어머니.
내가 마음 편히 자료 수집과 공부를 할 수 있도록 아이를 봐 주셔서 정말 감사하다.

항상 따뜻하게 대해 주고 용기를 북돋워 주었던 내 혁명 동지들에게 감사한다.

이 책의 서문을 써 주고 나에게 큰 영감을 준 다니엘 타뉘로에게도 고맙다는 말을 전한다.

그리고 출판사 직원들인 플로랑, 줄리아, 아리안, 폴린, 올리비에. 정말 고맙다.
나를 믿어 준 그들과 이 프로젝트가 완성될 수 있도록 최선을 다한 이들에게 감사한다.

마지막으로 영원한 나의 지원군인 우리 털보 남편.
끝없이 이어지는 정치 이야기와 환경 운동 및 여러 활동에 대한 내 독백을
조용히 끝까지 인내하며 들어 주는 그에게 고맙다는 말을 전한다.
그리고 우리 아들에게도 고맙다. 이 아이에게 더 나은 세상을 만들어 주기 위해
나는 오늘도 움직인다, 일한다.

2010년까지 나는 평범하고 모범적인 '그냥' 시민이었다.
학교를 졸업한 후 직장에 다니고, 좋은 일을 하는 단체를
후원하고, 선거에 참여하고, 쓰레기 분리수거를 철저히 해 왔다.
그런데 세상은 문제투성이였다. 이런 문제는 학교를 안 다니고,
일을 안 하고, 좋은 일 하는 단체를 후원하지 않고,
선거에 불참하며, 쓰레기 분리를 안 하는 사람들 때문에
일어나는 줄 알았다.

서른 살이 된 나는 이 나라의 시스템에 상처를 받은
사람들 곁에 서게 된다. 그리고 알았다… 내가 이 사회의 발전은
개뿔, 오히려 해체를 하는 데 한몫 거들고 있었다는 사실을.

그리고 새로 눈을 뜨게 되었다.

나는 다르게 보기 시작한 이 세상을 모두에게 알리고 싶었다.
그래서 2016년, 내가 새로 알게 된 사실과 그에 관한 생각을
그림으로 그리기 시작했다. 물론 어떻게 해서 이런 사건에
관심을 갖게 되었는지도 설명했다.

https://emmaclit.com

••••

옮긴이 강미란은
프랑스 문학 및 프랑스어 교육공학 석사를 마치고
현재 교육공학 박사 과정에 있다. 프랑스 보르도에 위치한
프랑수아 마장디 고등학교에서 한국어를 가르치고 있으며
마크 레비, 마르탱 파주, 프랑수아 를로르 등의 작품들을
다수 번역했다. 유튜브에 프랑스에서 일하는 교사로서,
번역가로서, 그리고 한국어 연구자로서의 삶을 담고 있는
〈강미란 채널〉을 운영하고 있다.